AF550172

Bibliografische Information der Deutschen Nationalbibliothek:

Die Deutsche Bibliothek verzeichnet diese Publikation in der Deutschen Nationalbibliografie; detaillierte bibliografische Daten sind im Internet über http://dnb.d-nb.de/ abrufbar.

Impressum:

Druck und Bindung: Books on Demand GmbH, Norderstedt Germany
ISBN: 978-3-638-76187-1

Dieses Buch bei GRIN:

http://www.grin.com/de/e-book/36262/rettet-die-tropischen-regenwaelder-unterrichtsstunde-fuer-eine-achte-klasse

Jan Werner

Rettet die tropischen Regenwälder! Unterrichtsstunde für eine achte Klasse

GRIN Verlag

Name: Jan Werner

Semester: WS 2004/2005

Rettet die tropischen Regenwälder
Ausführlicher Unterrichtsentwurf

im Rahmen des Studiums für das Lehramt an Grund- und Hauptschulen, Schwerpunkt Hauptschule, 1. Tagesfachpraktikum Erdkunde

Lehrveranstaltung:	Übung zur Schulpraxis / Didaktik I
Fach:	Erdkunde
Unterrichtsthema:	Rettet die tropischen Regenwälder!
Unterrichtseinheit:	Leben in den tropischen Regenwäldern
Zeit:	45 Minuten
Klasse:	8, Werkrealschule
Schule:	
Datum:	01.02.2005

Inhaltsverzeichnis:

1. Situation in der Klasse

1.1 Institutionelle und soziale Bedingungen

In der achten Klasse derSchule in der Südweststadt. befinden sich 19 Schüler. Davon sind sieben Mädchen und zwölf Jungen. Vor etwa vier Wochen ist der neue Schüler L. in die Klasse hinzugekommen. Dieser zeigt sich sehr interessiert am Unterricht und arbeitet gut mit.
Die Klasse lässt sich insgesamt als sehr motiviert und diszipliniert beschreiben. Die Schüler zeigen sich fast immer arbeitsbereit und nehmen aktiv am Unterrichtsgeschehen teil. Die Klasse muss selten an die Einhaltung von Gesprächs- oder Verhaltensregeln erinnert werden. Einige Schüler arbeiten teilweise zu ungenau und zu langsam.

Die Schüler sind mit den gängigen Arbeits- und Sozialformen vertraut. Insofern haben sich auch in der vergangenen Zeit Partner- und Gruppenarbeit bewährt. Man kann insgesamt durchaus von einem sehr guten Klassenklima sprechen.

Die Schüler kommen aus der Südweststadt. Fast 20.000 Einwohner zählt die Südweststadt heute. Zahlreiche Investitionen brachten in der Vergangenheit viel Geld in diese Wohngegend. In den Augen der Bewohner gehört die Südweststadt zu den attraktivsten Wohnorten.

2. Sachanalyse

2.1 Definition: Tropen und tropischer Regenwald

Da die Begriffe „Tropen“ und „tropischer Regenwald“ häufig in einem falschen Zusammenhang verwendet werden, folgen nun zwei Definitionen.

2.1.1 Tropen

Der Begriff „Tropen“ kommt vom griechischen Wort „tropé“, das „Wende“ bedeutet. Als Tropen bezeichnet man folglich die Zone, die zwischen dem nördlichen und südlichen Wendekreis (23,5° nördliche und 23,5° südliche Breite) liegt und etwa 40 Prozent der Erdoberfläche umfasst. Strahlungsklimatisch betrachtet steht die Sonne in diesem Bereich zweimal im Jahr im Zenit (genau auf den Wendekreisen nur einmal).
(vgl.: Meyers Lexikonredaktion 1999; Band 23, S. 98 und Microsoft Encarta 2003)

2.1.2 Tropischer Regenwald

Als „(tropischer) Regenwald“ wird der immergrüne Wald in ganzjährig feuchten Gebieten der *Tropen* bezeichnet. Es gibt hier keine ausgeprägten trockenen Jahreszeiten. Der tropische Regenwald ist sehr artenreich und besteht aus drei bis fünf Baumstockwerken. Das Pflanzenwachstum ist hier sehr stark. Rund vier Prozent der Erdoberfläche werden von tropischen Regenwäldern bedeckt. Vermutlich beherbergen die Regenwälder 40 – 50 Prozent aller Pflanzen- und Tierarten.
(vgl.: Meyers Lexikonredaktion 1999; Band 18, S. 203 und Haggett ^{3}2004 S. 817)

2.2 Rückgang des tropischen Regenwaldes

Nach Angaben der FAO werden jährlich 16,9 Millionen Hektar Regenwald vernichtet. Bei gleich bleibendem Ausmaß der Zerstörung wird der tropische Regenwald zu Beginn des kommenden Jahrhunderts in vielen Regionen kaum noch vorhanden sein. Neben schwerwiegenden unmittelbaren lokalen Folgen (z.B. Versteppung) wird der Schwund des tropischen Regenwaldes langfristig auch zu globalen klimatischen Veränderungen beitragen.
(vgl.: Meyers Lexikonredaktion 1999; Band 18, S. 203 und Haggett ^{3}2004, S. 817)

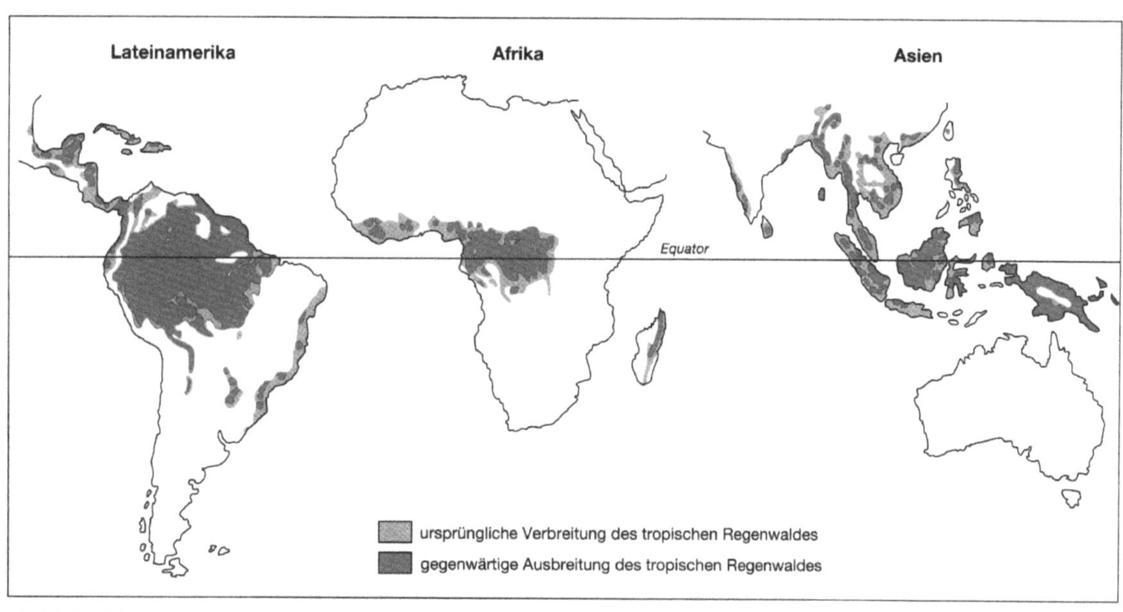

Abb. 2.1
Weltweite Verbreitung des tropischen Regenwaldes (Haggett [3]2004, S. 134)

Abbildung 2.1 zeigt die gegenwärtige Verbreitung des tropischen Regenwaldes unter Angabe der wichtigsten Gebiete, die seit 1900 verloren gegangen sind. Das Ausmaß des Verlustes an Regenwaldgebieten ist sehr hoch, wenn man die grauen Flächen mit den blauen vergleicht.
(vgl.: Haggett [3] 2004, S. 134)

2.3 Ursachen für das Schwinden der tropischen Regenwälder

Das Ausmaß der Vernichtung der tropischen Regenwälder wird deutlich, wenn man die jährlich zerstörten tropischen Regenwälder im Vergleich zur Fläche Deutschlands betrachtet. (Abb.2.2). Ursachen für die Rodung des Regenwaldes sind u.a. benötigte Flächen für den Anbau von Monokulturen oder zur Massentierhaltung. Vor allem in Südamerika werden

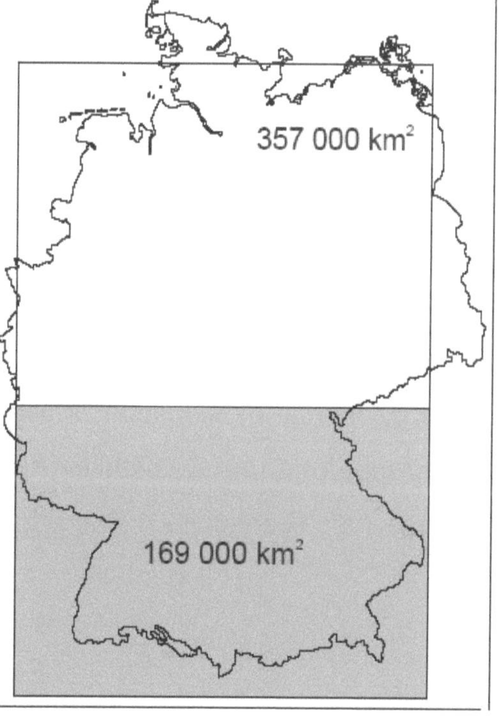

Abb. 2.2
Weltweit jährlich zerstörte tropische Regenwälder im Vergleich zur Fläche Deutschlands (Westermann Multimedia 2005)

gerodete Flächen als Weideland für Fleischrinder genutzt. Des Weiteren werden die Bäume zur Holzgewinnung gefällt. Außerdem erschließen Straßen Regionen, die bisher unzugänglich waren. Ein weiteres Problem ist die Rodung des Regenwaldes durch Siedler um Landwirtschaft zu betreiben. (vgl.: http://www.learn-line.nrw.de//angebote/agenda21/archiv/gbv/regenwald/s6b.jpg)

2.4 Rettung der tropischen Regenwälder

Der zuletzt aufgeführte Aspekt soll nun anhand eines Beispiels am Naturschutzgebiet Budongo Forest thematisiert werden. Budongo Forest ist einer der letzten großen Regenwälder im Westen von Uganda (Abb. 2.3). Durch den allgemeinen Bevölkerungsdruck in Uganda und aufgrund der Verfolgung durch Rebellen fliehen immer mehr Menschen in diese Region und nutzen das Land für Ackerbau. Da die Bevölkerung um 2,4 Prozent pro Jahr wächst, bleibt den Siedlern nichts anders übrig, als neues Land zu roden um es für den Anbau von Nahrung zu nutzen. Als „Pufferzone" dienen Waldflächen rund um Budongo Forest, die jedoch schon fast alle verschwunden sind.

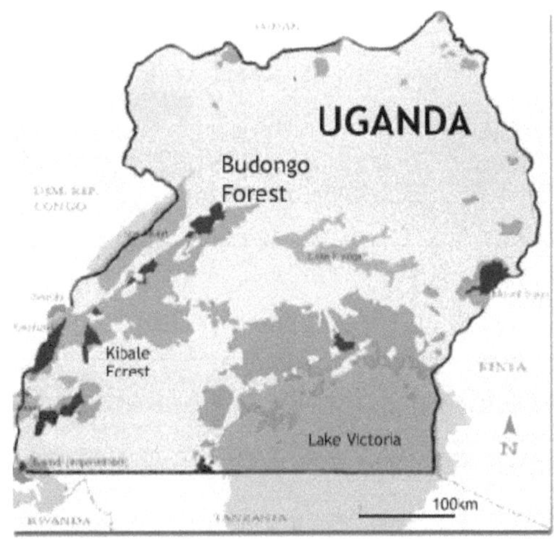

Abb. 2.3
Budongo Forest
(www.bugongo.org)

Die deutsche Stiftung WELTBEVÖLKERUNG (DSW) unterstützt ein Projekt in Uganda um den Menschen zu helfen und gleichzeitig für den Erhalt des Regenwaldes einzutreten. Hierbei steht vor allem das Motto „Hilfe zur Selbsthilfe" im Vordergrund. Die Menschen sollen lernen sich ihre eigene Lebensgrundlage zu sichern. Unter anderem werden Gesundheits- und Sexualberater eingesetzt um Familienplanung zu betreiben. Bäume werden zur Gewinnung von Obst und Feuerholz gepflanzt, ökologische Umwelterziehung zum Schutz von Boden und Wasser durchgeführt und Selbsthilfegruppen in alternativen Einkommensquellen ausgebildet. (vgl. Richter 2001 und http://www.dsw-online.de)

3. Didaktische Analyse

3.1 Bildungsplanbezug

Die Unterrichtsstunde „Rettet die tropischen Regenwälder" steht am Ende der Lehrplaneinheit 4: Leben in den tropischen Regenwäldern, die sich über ca. sieben Unterrichtsstunden erstreckt. *„Die Schülerinnen und Schüler erkennen die Gesetzmäßigkeiten im Naturhaushalt des tropischen Regenwaldes und erfahren wie der Mensch unter extremen Bedingungen lebt und wirtschaftet. Sie gewinnen die Einsicht, daß Eingriffe in den Naturhaushalt globale Auswirkungen haben können."* (http://www.leu-bw.de/allg/lp/bphs.pdf S.214)

Den Schülern sind bisher folgende Begriffe und Sachverhalte klargemacht worden: Weltweite Verbreitung, Erschließung, Nutzung und Zerstörung des Regenwaldes sowie Naturraum, Wanderfeldbau, Brandrodung, Naturvölker, Plantagen, Straßenbau, Abholzung und die Bedeutung für das Weltklima.
(vgl.: http://www.leu-bw.de/allg/lp/bphs.pdf S.214)

3.2 Bedeutung des Lerngegenstandes für die Kinder

Die Schüler haben ständig mit Dingen zu tun, die aus dem Regenwald stammen: Nahrungsmittel wie z. B. Kaffee oder Fleisch aus Südamerika. Der tropische Regenwald liefert aber auch Rohstoffe und Grundstoffe für Kosmetika und Arzneimittel. Nicht zu vergessen sind teure Möbel aus Mahagoni- oder Teakholz. Die Schüler sollen erkennen, warum wir an der Abholzung des kostbaren Regenwaldes mitverantwortlich sind und welche Alternativen es zu Produkten aus dem Regenwald gibt.

Am Beispiel von Budongo Forest sollen sie lernen, wie Menschen nachhaltig mit der Natur umgehen können ohne sie - und damit ihre eigene Lebensgrundlage – zu zerstören. Die Schüler werden für die Bedeutung des Regenwaldes, der Lebensgrundlage für (Natur-)Völker, Tiere und Pflanzen ist, sensibilisiert. Außerdem hält er das Weltklima im Gleichgewicht.
(vgl. Richter 2001, Nebel 1995 und http://www.dsw-online.de)

3.3 Lernziele

3.3.1 Kognitive und affektive Groblernziele

Die Schüler werden Lösungswege zur nachhaltigen Nutzung des Regenwaldes erarbeiten und lernen, dass dieses Ökosystem, das eine natürliche „Schatztruhe“ darstellt, geschont werden muss.

3.3.2 Feinlernziele

Die Begriffe Bevölkerungsdruck, Erosion, Rebellen, Budono Forest, Terrassenfeldbau, Hilfe zur Selbsthilfe, Bau von Schulen, Familienplanung und ein verändertes Bewusstsein sollen herausgearbeitet werden.

3.3.3 Soziale und kommunikative Lernziele

Die Schüler sollen das Lernen in Zweiergruppen verbessern. Außerdem ist bei der Ergebnissicherung wichtig, dass sie auch die Antworten der Mitschüler schätzen und diesen zuhören. Dies wiederum führt zur Entwicklung einer besseren Teamfähigkeit. Im Gruppengespräch werden gleichzeitig der Gedankenaustausch und die Fähigkeit frei zu sprechen gefördert.

4. Methodische Analyse

Die Unterrichtsstunde gliedert sich in folgende **vier Phasen**:
Einstieg, Erarbeitung 1, Erarbeitung 2 und Ergebnissicherung.

4.1 Einstieg

Ich zeige als Motivation und Hinführung für das heutige Thema einen Greenpeace-Kurzfilm. Der Inhalt und Verlauf des Filmes ist in Box 4.1 skizzenhaft zusammengefasst. Im Klassengespräch werden sich die Schüler zum Film äußern. Das Thema der Stunde „Rettet die tropischen Regenwälder“ schreiben sie anschließend in ihr Heft.

00:00 – 00:09	**Szene: Familie schaut genüsslich Dokumentations-Film über Weißen Hai**
00:10 – 00:43	**Action-Part** 00:10 Kettensäge wird angeworfen 00:16 „Es ist Fressenszeit!“ 00:31 Tür stürzt ein
00:44 – 02:18	**Regenwald – geballte Informationen** 00:44 Affen – sind auf den Urwald angewiesen, ohne ihn sterben wir 01:10 gefällter Baum 01:15 nicht nur unsere Existenz ist bedroht... Tausende Tierarten werden sterben, wenn die letzten Urwälder dieser Erde abgeholzt werden... 01:20 alle 2 Sekunden wird Urwald in Größe eines Fußballfeldes vernichtet, 24 h am Tag, 7 Tage die Woche 01:30 Vergangene 10 Jahre: Vernichtung von Urwald der Größe Frankreichs und Spaniens zusammen 01:38 Holz aus Indonesien wird auf Baustellen verwendet, danach weggeschmissen 01:45 Türen aus afrikanischem Holz, meist illegal und nur aus Profitgier gefällt 01:55 Klopapier - Holz aus Kanada 02:00 Seid nicht auf unser Holz angewiesen - ökologische Forstwirtschaft würde Eigenbedarf decken 02:06 Tiere können sich nicht gegen die Urwaldzerstörung wehren, aber Sie www.greenpeace.de

Box 4.1
Skizzenhafte Inhaltsangabe des Greenpeace-Kurzfilms „Save the forests“

4.2 Erarbeitung 1

Als Zielsetzung für die Stunde stelle ich die geografische Lage von Uganda und Budongo Forest den Schülern mit Notebook und Beamer in Form einer Powerpoint - Präsentation vor. Hierbei ergänze ich die Informationen im Buch mit genaueren Karteninformationen.

Die Schüler lesen nun abwechselnd die Seiten 74 und 75 im Buch (Richter 2001) vor. Bei Bedarf unterbreche ich um unverständliche Begriffe zu klären. Am Ende dieser Phase ergänze ich den Schulbuchtext mit Impressionen von Budongo Forest.

4.3 Erarbeitung 2

Die Schüler sollen nun selbständig das Thema erarbeiten. Sie erhalten Arbeitsaufträge (4 Aufgaben), die sie in Einzel- oder Partnerarbeit lösen sollen. Das Schulbuch „grenzenlos“ (Richter 2001) liefert die benötigten Informationen.
Ich stehe für Fragen zur Verfügung und helfe bei Problemen.

4.4 Ergebnissicherung

In dieser letzten Unterrichtsphase koordiniere ich die Zusammenfassung der Inhalte und kläre mit der Klasse noch offene Fragen. Die Schüler sollen sich aktiv an der Ergebnissicherung beteiligen, ihre Arbeit ergänzen und eigene Gedanken formulieren.

5. Medien

5.1 Medieneinsatz

Folgende Medien werden eingesetzt:

Notebook + Beamer
Video „Save the forests“ (www.greenpeace.de)
Powerpoint-Präsentation
Grenzenlos – Erdkunde Schulbuch (Richter 2001)
originaler Gegenstand: Kaffee aus fairem Handel: TransFair

5.2 Bemerkung zur Medienwahl

Ich habe mich bewusst auf den Text im grenzenlos – Buch auf Seite 74 und 75 (Richter 2001) beschränkt und keine weiteren Texte in Form von Kopien ausgeteilt. Mir ist sehr wohl bewusst, dass der Text im Buch nicht optimal ist, da er zum einen mit sehr vielen Informationen gefüllt und teilweise auch widersprüchlich ist. Meiner Meinung ist er aber nicht so „schlecht“, als dass das Anfertigen von Kopien gerechtfertigt wäre. Für die Schüler ist es wichtig ein Kontinuum in ihrem Heft zu haben, das klar strukturiert ist. Dies ist vor allem für die Vorbereitung von Klassenarbeiten sehr wichtig.

6. Unterrichtsverlauf

Südend-GHS Karlsruhe **Klasse 8** **Erdkunde** **Dienstag, 01.02.2005**

Thema der Stunde:	**Rettet die tropischen Regenwälder!**	**Name:** Jan Werner
Unterrichtseinheit:	Leben in den tropischen Regenwäldern	**Mentor:** Johannes Ruckenbrod
Stundenziel:	Die Schüler werden Lösungswege zur nachhaltigen Nutzung des Regenwaldes erarbeiten und lernen, dass dieses Ökosystem geschont werden muss.	**Dozent:** Jürgen Nebel

Uhr-zeit +/-	**Phasen und Teilziele**	**Aktivitäten von Lehrer und Schülern** **geplantes Lehrerverhalten**	**erwartetes Schülerverhalten**	**Sozialform**	**Medien**
7:45 10' **7:55**	**Einstieg** Motivation und Hinführung zum Thema	L. zeigt Kurzfilm. L. gibt Thema der heutigen Stunde bekannt.	Sch. schauen den Film an und werden sich anschließend dazu äußern. Sch. schreiben „Rettet die tropischen Regenwälder“ als Überschrift in ihr Heft.	Lehrer-Schüler-Gespräch	Film „Greenpeace“ Powerpoint

7:55 10' **8:05**	**Erarbeitung 1** Zielsetzung Klärung schwieriger Begriffe	L. ergänzt Informationen im Buch mit genaueren Karteninformationen zu Uganda und Budongo Forest. L. bittet die Sch. die Seiten 74 und 75 im Buch abwechselnd laut vorzulesen. L. unterbricht bei Bedarf um unverständliche Begriffe zu klären. L. ergänzt Text mit Impressionen von Budongo Forest.	Sch. lesen abwechselnd vor. Sch. beteiligen sich am Gespräch.	Lehrer-Schüler-Gespräch	grenzenlos S.74/75 Powerpoint
8:05 15' **8:20**	**Erarbeitung 2** Selbständiges Erarbeiten des Themas	L. erteilt Arbeitsaufträge. L. steht für Fragen zur Verfügung und hilft bei Problemen.	Sch. lösen in Partnerarbeit die Aufgaben.	Partnerarbeit	grenzenlos S.74/75 Powerpoint
8:20 10' **8:30**	**Ergebnissicherung**	L. koordiniert die Zusammenfassung der Inhalte und klärt mit der Klasse noch offene Fragen.	Sch. beteiligen sich an der Ergebnissicherung, ergänzen ihre Arbeit und formulieren eigene Gedanken.	Lehrer-Schüler-Gespräch	grenzenlos S.74/75 Powerpoint

7. Reflexion nach dem Unterricht

Ich war mit der Unterrichtsstunde im Großen und Ganzen sehr zufrieden. Der Unterricht und die Vorbereitung dazu haben mir großen Spaß bereitet. Meiner Meinung nach habe ich, was mir auch bei der anschließenden Reflexion in der Praktikumsgruppe bestätigt wurde, mein Unterrichtsziel erreicht. Der Weg dorthin war für die Schüler sicher nicht ganz einfach. Der ihnen zur Verfügung stehende Text ist komplex und mit einigen Widersprüchen versehen. Die Schüler zeigten sich trotzdem sehr interessiert am Unterrichtsgeschehen und arbeiteten gut mit.

Im Nachhinein stellt sich die Frage, ob ich den Greenpeace-Film, der am Anfang nur zur Motivation und Zielsetzung gedacht war, nicht noch mehr in den Mittelpunkt der Diskussion hätte stellen sollen. Er hat aber auf jeden Fall seinen Zweck erfüllt, die Schüler für den Unterricht zu motivieren und zu konzentrieren.

Auch hat sich der Einsatz von Notebook, Beamer und Powerpoint mit seinen Möglichkeiten gelohnt. Allerdings stellt dieses Medium auch die Gefahr dar, zu viele Informationen „an die Wand zu werfen“. Bei meiner Stunde war dies die Ergebnissicherung, die an der Tafel sinnvoller gewesen wäre. So wurden die Schüler vielleicht mit zu vielen Informationen überflutet.

Die Arbeit, die ich mir im Vorfeld gemacht habe, hat sich auf jeden Fall gelohnt und wurde auch durch die gute Mitarbeit der Schüler bestätigt.

Jan Werner Bruchsal, 5. Februar 2005

8. Literatur- und Quellenangaben

8.1 Literaturquellen

Haggett, Peter (^{3}2004): Geographie. Eine globale Synthese. Stuttgart.

Meyers Lexikonredaktion (^{7}1999): Meyers großes Taschenlexikon: in 25 Bänden. Band 18, Mannheim, hier: S. 203.

Meyers Lexikonredaktion (^{7}1999): Meyers großes Taschenlexikon: in 25 Bänden. Band 23, Mannheim, hier: S. 98.

Nebel, Jürgen et al. (1995): Ek 8. Heimat und Welt. Baden-Württemberg. Hauptschule Klasse 8. Braunschweig

Richter, Ingo et al. 2001: grenzenlos 8. Erdkunde Hauptschule. Baden Württemberg. Hannover.

8.2 Internetquellen

http://www.dsw-online.de

http://www.geo.de/GEO/wissenschaft_natur/oekologie/regenwaldverein/projekte_regenwaldverein/2003_02_GEO_regenwaldprojekte_uganda/index.html

http://www.karlsruhe.de/Stadtteile/

http://www.learn-line.nrw.de//angebote/agenda21/archiv/gbv/regenwald/s6b.jpg

http://www.leu-bw.de/allg/lp/bphs.pdf (Ministerium für Kultus, Jugend und Sport (Hg.): Bildungsplan für die Hauptschule)

Stand aller Internetadressen: 03.02.2005

8.3 Multimediaquellen

Microsoft® Encarta® Enzyklopädie Professional 2003. © 1993-2002 Microsoft Corporation.

Westermann Multimedia (2005): Der Geographie Pool. Arbeitsblätter für den Erdkundeunterricht. 5.-10. Schuljahr. 1 DVD-ROM.

9. Anhang

- Powerpoint – Präsentation

Im Budongo - Forest wachsen noch Mahagoni-Riesen mit gewaltigen Brettwurzeln.

Bevölkerungswachstum und Flüchtlingsströme treiben die Menschen in die letzten noch verbliebenen Wälder.

Mit Axt und Feuer dringen Siedler mit ihren Familien unkontrolliert in den Wald vor. Ohne es zu wissen zerstören sie den Wald und damit ihre eigene Zukunft.

Partnerarbeit – 15 Minuten

1. Warum fliehen die Menschen in den Regenwald?
2. Nenne Probleme, mit denen die Siedler im Regenwald zu kämpfen haben!
3. Was bedeutet das Motto: „Hilfe zur Selbsthilfe“?
4. Was kann jeder von uns gegen die Zerstörung der Regenwälder tun?

---

1. Warum fliehen die Menschen in den Regenwald?

   Bevölkerungsdruck, Dürre und Hunger sowie die Verfolgung durch Rebellen zwingen die Menschen zur Flucht.

---

2. Nenne Probleme, mit denen die Siedler im Regenwald zu kämpfen haben!

   Durch Erosion wird der Boden weggeschwemmt. Die Siedler müssen erneut auf Landsuche gehen.

   Sie vernichten somit ihre eigene Lebensgrundlage.

3. Was bedeutet das Motto: „Hilfe zur Selbsthilfe“?

   Die Siedler lernen Holz zu sparen und schonen somit den Regenwald.

   Kinder und Erwachsene lernen Lesen und Schreiben.

   Durch Familienplanung wird verhindert, dass die Frauen zu viele Kinder bekommen.

4. Was kann jeder von uns gegen die Zerstörung der Regenwälder tun?

   - kein Tropenholz mehr kaufen
   - kein Toilettenpapier aus Tropenholz kaufen
   - Recycling-Papier verwenden
   - beim Einkauf auf **Gütesiegel** achten